T/CAGHP 056—2019

目　次

前言 ··· Ⅲ
1 范围 ··· 1
2 规范性引用文件 ··· 1
3 术语与符号 ··· 1
  3.1 术语 ··· 1
  3.2 符号 ··· 2
4 基本规定 ·· 3
5 治理工程安全等级 ·· 4
6 稳定性计算 ··· 5
  6.1 斜坡稳定性计算 ·· 5
  6.2 回填体抗滑移稳定性计算 ··· 5
7 回填压脚工程设计 ·· 5
  7.1 断面设计 ·· 5
  7.2 填筑材料与填筑标准 ··· 5
  7.3 回填体基面及反压坡面处理 ·· 6
  7.4 排水设计 ·· 6
  7.5 反滤层设计 ·· 7
  7.6 坡面防护 ·· 7
  7.7 护脚工程 ·· 7
  7.8 施工与检测 ·· 8
8 监测要求 ·· 9
  8.1 一般规定 ·· 9
  8.2 监测类型与项目 ·· 9
  8.3 监测频率与时间 ·· 9
  8.4 监测预警 ·· 9
9 设计成果 ·· 9
  9.1 设计成果内容 ·· 9
  9.2 设计成果书写格式、图件比例尺 ··· 10
附录 A（资料性附录） 滑坡防治工程等级 ·· 11
附录 B（资料性附录） 稳定性计算方法 ·· 12
附录 C（规范性附录） 回填体抗滑移稳定系数计算公式 ··································· 14
附录 D（资料性附录） 常用回填材料密度参考值和重度折减系数 ······················· 16
附录 E（资料性附录） 反滤层设计 ·· 17
附录 F（资料性附录） 抛石边坡参考值表 ··· 20

Ⅰ

前　言

本规范按照GB/T 1.1—2009《标准化工作导则　第1部分：标准的结构和编写》给出的规则起草。

本规范附录A、B、D、E、F为资料性附录，C为规范性附录。

本规范由中国地质灾害防治工程行业协会提出并归口。

本规范主要起草单位：武汉地质工程勘察院、江苏南京地质工程勘察院、广东省地质灾害应急抢险技术中心、中国建筑材料工业地质勘查中心吉林总队、安徽金联地矿科技有限公司。

本规范起草人：张晴、罗顺林、李伟、田开洋、徐成华、金炯球、方山耀、王海志、左其平、顾问、王振祥、邓志德、孙秀菲、秦月琴。

本规范由中国地质灾害防治工程行业协会负责解释。

滑坡防治回填压脚治理工程设计规范(试行)

1 范围

本规范对回填压脚治理工程的术语与符号、基本规定、治理工程安全等级、稳定性计算、回填压脚工程设计、监测要求、设计成果等做出规定。

本规范适用于滑坡防治回填压脚治理工程设计。

2 规范性引用文件

下列文件对于本规范的应用是必不可少的。凡是注日期的引用文件，仅所注日期的版本适用于本规范。凡是不注日期的引用文件，其最新版本（包括所有的修改单）适用于本规范。

GB 50007　建筑地基基础设计规范
GB 50011　建筑抗震设计规范
GB 50021　岩土工程勘察规范
GB 50330　建筑边坡工程技术规范
GB/T 32864—2016　滑坡防治工程勘查规范
GB/T 50123　土工试验方法标准
GB/T 50290　土工合成材料应用技术规范
GB/T 50218　工程岩体分级标准
DZ/T 0219—2006　滑坡防治工程设计与施工技术规范
DZ/T 0221—2006　崩塌、滑坡、泥石流监测规范
SL 274　碾压式土石坝设计规范
T/CAGHP 027—2018　坡面防护工程设计规范

3 术语与符号

下列术语适用于本规范。

3.1 术语

3.1.1
回填压脚 backfill at the foot
通过在坡脚堆填土石等材料，以增加坡体整体稳定的一种工程治理技术。

3.1.2
回填体 backfill materials
人工构筑用于加固不稳定斜坡（边坡）、滑坡等地质灾害体的填筑体。

3.1.3
回填体边坡 backfill slope

回填压脚形成的人工填土边坡。

3.1.4
回填体基面 foundation of backfill materials

回填体与地基的接触面。

3.1.5
反压坡面 back pressure slope

与回填体接触的原有坡面。

3.1.6
反压平台 back pressure platform

回填体顶部设置的平台。

3.1.7
反滤层 reversed filter

为防止水流携带的细粒物质在渗流过程中将排水设施或构造物的孔隙堵塞而设置的滤层,由具有一定级配的粒料层或具有渗滤功能的土工织物构成。

3.1.8
渗层 infiltrated layer

由砂、砾石等透水性能良好的材料构成的层状透水体,用于泄出回填体内部的地下水或用于汇集和导出边坡和回填区的地下水。

3.1.9
排水盲沟 blind drains

由砂、砾石等透水性能良好的材料构成的沟状透水体,用于泄出回填体内部的地下水或用于汇集和导出边坡和回填区的地下水,也称为"盲沟"。

3.2 符号

3.2.1 计算系数、作用与作用效应

C——石块运动的稳定系数;

F_s——抗滑移稳定系数;

F_{s0}——抗滑移稳定安全系数;

K_{30}——由直径 30 cm 的荷载板测得的地基系数;

k_s——综合水平地震系数;

P——设计剩余下滑力(kN/m);

P_i——第 i 条块剩余下滑力(kN/m);

P_I——回填体主动块的剩余下滑力(kN/m);

Q_e——单元单位宽度地震力(kN/m);

R——单元单位宽度重力及其他外力引起的抗滑力(kN/m);

T——单元单位宽度重力及其他外力引起的下滑力(kN/m);

U——单元单位宽度主滑面上的总水压力(kN/m);

V——单元单位宽度面上的静水压力合力(kN/m);

W ——单元单位宽度自重[含坡顶建(构)筑物作用](kN/m);
W_s ——石块的重量(kN);
W_{tI}、W_{tII} ——回填体主动块、被动块的自重(kN/m)。
ψ ——剩余下滑力传递系数。

3.2.2 材料性能

C_u ——土的不均匀系数;
c ——滑移面的黏聚力(kPa);
c_t ——回填土的黏聚力(kPa);
d ——折算粒径(m),按球型折算;
φ ——滑移面的内摩擦角(°);
φ_t ——回填土的内摩擦角(°);
v_w ——水流流速(m/s);
μ ——摩擦系数;
ρ_s ——石块的重度(kN/m³);
ρ_w ——水的重度(kN/m³)。

3.2.3 几何参数

α ——剪出口处主滑面与水平面的夹角,即主滑面倾角(°);
β_f ——反压坡面倾角(°);
L ——滑面长度(m);
L_f ——反压坡面长度(m)。

4 基本规定

4.1 防治工程设计应本着安全可靠、经济适用、就地取材、便于施工、生态环保的原则。

4.2 回填压脚治理工程设计应在相应阶段滑坡勘察和回填材料勘察的基础上进行。当已有勘察资料不能满足回填压脚工程设计时,应在补充勘察完成后,方可进行工程设计。

4.3 回填压脚治理工程适用于坡脚有充足的回填场地。

4.4 设计前应取得下列资料:
   a) 场区地形图及周围环境资料;
   b) 审查通过的滑坡勘察成果报告;
   c) 场区气象和水文资料;
   d) 相邻类似工程施工情况和经验性资料。

4.5 回填压脚治理工程设计应包含断面设计、斜坡和回填体稳定性计算、填筑材料与填筑标准、排水、地基处理、坡面防护、护脚工程、施工与检测、监测等内容。

4.6 回填体各部位的结构与尺寸,应经斜坡稳定性计算和技术经济比较后确定。

4.7 填筑材料料场的选择应根据其类别、性质、质量、数量和开采条件等确定。

4.8 回填体设计参数取值宜由试验确定。

4.9 治理工程设计除应符合本规范外,还应遵循国家现行有关规范和标准的规定。

5 治理工程安全等级

5.1 回填压脚治理工程的安全等级应与滑坡防治工程等级一致（附录A）。

5.2 回填压脚治理工程工况与荷载组合：
   a) 设计工况及其荷载组合：自重＋地下水＋暴雨；
   b) 校核工况及其荷载组合：自重＋地下水＋地震。

5.3 单元或条块的地震作用可简化为一个作用于单元或条块重心处、指向坡外（滑动方向）的水平静力，其值按下列公式计算：

$$Q_e = k_s W \quad \cdots\cdots\cdots\cdots\cdots\cdots\cdots\cdots\cdots\cdots\cdots\cdots (1)$$

$$Q_{ei} = k_s W_i \quad \cdots\cdots\cdots\cdots\cdots\cdots\cdots\cdots\cdots\cdots\cdots\cdots (2)$$

式中：

Q_e、Q_{ei}——单元或第i计算条块单位宽度地震力（kN/m）；

W、W_i——单元或第i计算条块单位宽度自重[含坡顶建（构）筑物作用]（kN/m）；

k_s——综合水平地震系数，所在地区地震基本烈度按表1确定。抗震设防烈度6度及小于6度区回填压脚设计时可不考虑地震作用力。

表1 综合水平地震系数

地震基本烈度	7度		8度		9度
地震峰值加速度	0.10g	0.15g	0.20g	0.30g	0.40g
综合水平地震系数 k_s	0.025	0.038	0.050	0.075	0.100

注：g 为重力加速度。

5.4 回填体边坡抗滑移稳定安全系数 F_{s0} 不应小于表2规定。

表2 回填体边坡抗滑移稳定安全系数 F_{s0}

防治工程安全等级		Ⅰ		Ⅱ		Ⅲ	
		设计工况	校核工况	设计工况	校核工况	设计工况	校核工况
折线型滑面	传递系数法	1.35	1.20	1.30	1.15	1.25	1.10
圆弧形滑面	瑞典条分法	1.35	1.20	1.30	1.15	1.25	1.10
	简化毕肖普法	1.50	1.40	1.35	1.20	1.30	1.15

5.5 回填压脚的排水设计及回填体傍水体时暴雨与洪水位设计按表3确定。

表3 暴雨与洪水位设计重现期

治理工程等级	Ⅰ	Ⅱ	Ⅲ
重现期/年	100	50	20

6 稳定性计算

6.1 斜坡稳定性计算

6.1.1 回填压脚防治工程的斜坡稳定性包括回填压脚后斜坡整体稳定性、回填体边坡稳定性和整治过程中形成的其他边坡稳定性。

6.1.2 回填压脚后斜坡整体抗滑稳定性和形成的其他边坡稳定性计算必须满足《滑坡防治工程设计与施工技术规范》(DZ/T 0219—2006)要求。

6.1.3 回填体边坡稳定性计算一般采用瑞典条分法或简化毕肖普法计算，且抗滑移稳定安全系数应满足表2要求。

6.1.4 回填体的重度值宜以现场大容重试验确定，且试验点数不宜少于3处。若现场试验数据获取困难时，可参照地区或工程经验取值。

6.2 回填体抗滑移稳定性计算

6.2.1 回填体抗滑移稳定性计算应采用有效应力法。

6.2.2 滑坡推力一般按传递系数法进行计算，设计剩余下滑力 P 按附录B.1确定。

6.2.3 回填体抗滑移稳定系数按附录C公式验算。

7 回填压脚工程设计

7.1 断面设计

7.1.1 回填体宜布置在坡脚或滑坡体剪出口及其外侧一定区域。

7.1.2 对回填后的坡体须按新的几何形状进行稳定性验算，宽度和长度范围可根据滑坡体稳定性试算确定。

7.1.3 根据当地自然条件和工程地质条件，结合工程经验，回填体边坡应选择适当的断面形式和边坡坡度，回填体高度大于6.0 m时宜分台阶，台阶之间的马道宽度不宜小于2.0 m。

7.1.4 回填体顶部应设置反压平台，平台宽度不宜小于回填体高度。

7.2 填筑材料与填筑标准

7.2.1 下列土不宜作填筑材料，如果确需使用，应采取必要的处理措施：
   a) 淤泥类土、冻土、红黏土、膨胀土、有机土及易溶盐超过0.3%的土等特殊土，不得直接用于填筑；
   b) 黏性土、粉细砂、粉土等细粒土不宜直接用于涉水地段，若确需采用，需设置坡面防冲刷工程；
   c) 非涉水段黏性土、粉土等细粒土用作填筑材料时，需设置渗层、排水盲沟等坡内排水工程。

7.2.2 填筑材料应优先采用级配较好的砾类土、砂类土等粗粒土。石料丰富地区，可采用块石或格宾石笼作为填筑材料。

7.2.3 回填压脚材料为黏性土、粉土等细粒土时，应以压实度作为填筑质量的控制指标。其前缘一定范围内，压实度不低于0.9；其余部分压实度不低于0.8。

7.2.4 细粒土填料的含水率应根据土料性质、填筑部位、气候条件和施工机械等情况，控制在最优含水率的-3%～+3%偏差范围以内,土的最优含水率宜通过击实试验确定。有特殊用途和性质特殊的填料含水率应另行研究确定。

7.2.5 砂土作为回填压脚材料,应以相对密度作为填筑质量的控制指标,相对密度不宜低于0.6,作为反滤料时,相对密度不宜低于0.7。

7.2.6 碎石土填筑标准宜采用孔隙率作为填筑质量控制指标,孔隙率不宜大于30%。

7.2.7 块石土填筑标准宜采用地基系数和孔隙率作为填筑质量控制指标,地基系数(K_{30})不小于120 MPa/m,孔隙率不宜大于30%,且块径不宜超过300 mm;当采用软岩、风化岩块石或格宾石笼填筑时,填充块石重度不宜小于20 kN/m³,孔隙率不宜大于35%。

7.2.8 回填材料压实密度的大小,一般由设计人员根据工程结构、使用要求及土的性质等综合确定。常用回填材料压实密度和重度计算折减系数经验值,可参照附录D。

7.2.9 碾压施工参数及回填材料含水率同时控制,通过碾压试验加以确定。

7.2.10 加筋土作为回填压脚材料,兼有回填压脚和护坡功能。这种材料可由面板、填料及埋在填料内的具有一定抗拉强度并与面板相连接的拉筋组成。加筋材料材质分为土工格栅、聚丙烯土工带、金属带、CAT钢筋塑复合材料等,其设计应符合《坡面防护工程设计规范》(T/CAGHP 027—2018)的规定。

7.3 回填体基面及反压坡面处理

7.3.1 回填体基面及反压坡面应在填筑前进行处理,且符合下列要求:
  a) 回填前应清除地表浮土、腐殖土、草皮、树根等杂物;
  b) 当回填体基面坡度很缓时,可设置抗滑齿或抗滑槽,当坡度陡时,应开挖成台阶状;
  c) 当基岩面上的覆盖层较薄时,宜先清除覆盖层再挖台阶,当覆盖层较厚且稳定时,可予保留,在原地面挖台阶后再实施回填;
  d) 回填体基础面及其下伏部位存在软弱层时,应进行加固处理。

7.3.2 回填体基面纵坡坡率陡于1:2.5地段,必须验算回填土体整体沿基底及基底下软弱层滑动的稳定性。

7.4 排水设计

7.4.1 回填体排水设计须服从灾害体的排水设计的总体布置,且满足相关规范的要求。

7.4.2 地表排水系统的布置、排水沟的尺寸和纵坡应由计算确定。有马道时,排水沟宜设于马道内侧。竖向排水沟可每50 m～100 m设置一条。

7.4.3 地表排水系统须满足以下要求:
  a) 能自由地向坡体外排出全部渗透水;
  b) 应按反滤要求设计;
  c) 便于观察和检修。

7.4.4 当回填体的填料以黏性土为主时,应在回填体内布设排水渗层、排水盲沟,组成坡内排水系统,能使回填体内的地下水排泄顺畅。材料宜以碎石为主,厚度300 mm～500 mm,排水渗层垂直间距5 m～8 m。排水盲沟的纵坡不宜小于1%,出水口处应加大纵坡并应高出地面不小于0.2 m,并宜根据边坡渗水情况网格状分布。

7.4.5 寒冷地区的盲沟,应作防冻保温处理或将盲沟设置在冻结深度以下。

7.4.6 当反压坡面、回填体基面有地下水出露点时,应布置盲沟将地下水引出回填体。

7.4.7 在滑坡的剪出口、边坡可能的富水部位设排水渗层、排水盲沟,防止坡体和回填体中积水。

7.5 反滤层设计

7.5.1 排水渗层、排水盲沟侧壁及顶部应设置反滤层,底部应设置封闭层;迎水侧可采用砂砾石、无砂混凝土、渗水土工织物作反滤层。反滤料应符合下列要求:
   a) 质地致密,抗水性和抗风性能满足工程要求;
   b) 具有要求的级配;
   c) 具有要求的透水性;
   d) 反滤料中粒径小于 0.075 mm 的颗粒含量应不超过 5%。

7.5.2 反滤料可利用天然或经过筛选的砂砾石料,也可采用块石、砾石破碎或天然和破碎的掺合料。

7.5.3 反滤料的填筑标准应以相对密度为设计控制指标,反滤料的相对密度不宜低于 0.7。

7.5.4 反滤层设计包括被保护土、回填料和料场砂砾料的颗粒级配,根据反滤层设置的部位确定反滤层的类型,计算反滤层的级配、层数和厚度。反滤层的级配和层数应按附录 E 计算。

7.5.5 反滤层每层的厚度应根据材料的级配、料源、用途、施工方法等综合确定。人工施工时,水平反滤层的最小厚度可采用 0.3 m,垂直或倾斜反滤层的最小厚度可采用 0.5 m;采用机械施工时,最小厚度应根据施工方法确定。

7.5.6 采用土工织物作反滤料,应按《土工合成材料应用技术规范》(GB/T 50290)的规定进行设计。

7.6 坡面防护

7.6.1 护面优先采用草本类植物护坡,重视环境恢复和生态保护,并按相关规范执行。

7.6.2 受水流冲刷或风浪作用强烈的部位,临水侧坡面可采用砌石、混凝土等护面形式。

7.7 护脚工程

7.7.1 回填体边坡坡脚应设护脚工程。

7.7.2 陆域护脚部分的结构可采取挡墙,一般情况下挡墙高度不超过 2.0 m,且应嵌入稳定的地层。

7.7.3 临水护脚部分的结构形式应根据岸坡地形地质情况、水流条件和材料来源,采用砌石、宾格石笼、混凝土块体等支护或抛石防冲刷措施。当回填体被洪水淹脚和冲刷时,可采用抛石护脚。

7.7.4 抛石粒径应根据水深、流速情况,按有关规定计算或根据已建工程分析确定。在水流作用下,防护工程护面、护脚块石保持稳定的抗冲粒径(折算粒径)可按下列公式计算:

$$d = \frac{C \rho_w v_w^2}{\rho_s - \rho_w} \quad \cdots\cdots\cdots\cdots\cdots (3)$$

$$W_s = \frac{\pi}{6} \rho_s d \quad \cdots\cdots\cdots\cdots\cdots (4)$$

式中:
d——折算粒径(m),按球形折算;
C——石块运动的稳定系数,水平底坡取 0.035,倾斜底坡取 0.063;
W_s——石块重量(kN);
v_w——水流流速(m/s);

ρ_s——石块的重度(kN/m³);

ρ_w——水的重度(kN/m³)。

7.7.5 抛石的边坡坡度视水深、流速和波浪情况而定,不应陡于所抛石料浸水后的天然休止角。抛石边坡坡度见附录F。

7.7.6 抛石厚度一般为块径的3～4倍,用大块径时,不应小于块径的2倍。为了使洪水下降后填筑体本身迅速排水,减少边坡填土被冲淘,应在抛石后面设置反滤层。

7.7.7 抛石的范围应延伸到深泓线,并应满足河床最大冲刷深度的要求。

7.7.8 抛石保护层需深入河床并延伸到河底一段。在主流逼近凹岸的河势情况下,抛石护底宽度需超过冲刷最深的位置。

7.7.9 抛石质量要求:

 a) 石质坚硬,遇水不易水解,饱和抗压强度宜大于40 MPa,软化系数应大于0.7,重度宜不小于26 kN/m³;

 b) 不允许使用块径小于250 mm的片状石块。

7.8 施工与检测

7.8.1 回填压脚工程施工应符合下列要求:

 a) 回填压脚工程施工前应具备已批准的回填工程设计文件、施工组织设计、施工应急预案、监测方案等技术文件;

 b) 回填压脚工程施工时应做好分项工程的协调管理,并注意各工序衔接,使得回填施工能够按设计运行,同时,应采取信息化施工,及时掌握工程的运行情况,一旦出现异常情况,应果断采取应急备用方案;

 c) 回填压脚工程施工前必须清基干净,避免存在软弱疏松带;

 d) 回填压脚工程施工必须分层填筑、分层压实,应按先低处后高处顺序进行,分层厚度一般为200 mm～400 mm,压实度达到设计要求方可进行下一层填筑;

 e) 回填压脚工程施工应控制施工速度。当回填体的沉降量过大,水平位移量过大时应停止回填,分析原因,并采取控制变形速率措施。

7.8.2 回填体质量检验应符合下列要求:

 a) 回填体质量检验包括回填体的外观、压实度或其他控制指标、回填土的物理力学参数等;

 b) 回填体质量检测取样部位应有代表性,且应在作业面上均匀分布,不得随意挑选,特殊情况下取样须加注明;

 c) 回填体质量检测取样数量应符合下列要求:

  1) 每次检测的施工作业面不宜过小,机械填筑时不宜小于600 m²,人工填筑时不宜小于300 m²;

  2) 每层取样数量:自检时可控制在填筑时每100 m³～150 m³取样1个,抽检可为自检量的1/3,且不少于3个;

  3) 若作业面或局部返工部位按填筑量计算的取样数量不足3个时,也应取样3个。

 d) 在压实质量可疑和回填体特定部位抽样检测时,取样数视具体情况而定,但检测成果仅作为质量检查参考,不作为回填质量评定的统计资料;

 e) 每一填筑层自检、抽检后,凡取样不合格的部位,应补压或作局部处理,经复验至合格后方可进行下道工序。

f) 排水设施、护面工程及护脚工程的质量检验参照《滑坡防治工程设计与施工技术规范》(DZ/T 0219—2006)、《坡面防护工程设计规范》(T/CAGHP 027—2018)执行。

7.8.3 验收时应提供以下资料：
- a) 施工测量放线定位图；
- b) 回填工程竣工图；
- c) 各种主要材料的合格证、材质检验报告；
- d) 隐蔽工程验收记录；
- e) 设计变更通知、事故处理记录；
- f) 监测报告；
- g) 有关试验及质量检测报告；
- h) 其他有关资料。

8 监测要求

8.1 一般规定

监测系统应根据灾害体防治监测系统的要求统一布设。监测所采用的仪器及精度需满足相关规范和标准的要求。监测方法应遵循技术可靠、经济实用的原则，并与宏观地质巡视监测相结合。

8.2 监测类型与项目

8.2.1 回填压脚工程施工期间，每天均应由专人对施工情况、周边环境、监测设施等进行巡视检查，并做好记录，发现异常和危险情况，应及时反馈给建设方及其他相关单位。

8.2.2 工程竣工后，一年内每半月应由专人对周边环境、监测设施等进行巡视检查，并做好记录，暴雨期间要加密巡视检查。

8.2.3 监测内容以地面沉降和地表水平位移为主。

8.3 监测频率与时间

8.3.1 施工安全监测周期应根据滑坡的自身稳定性和施工扰动程度确定。对于稳定性差且施工扰动变形明显的，原则上采用 24 h 自动定时监测方式进行，以使监测信息能及时地反映斜坡体变形破坏特征，供有关方面做出决断。如果斜坡稳定性好，且工程扰动小，可采用每 12 h、24 h、3 d、7 d 等监测一次的方式进行。

8.3.2 防治效果监测时间不少于一个水文年，监测频率为 7～10 天一次。外界扰动较大时，如暴雨期间，应加密监测次数。

8.4 监测预警

巡视发现异常或仪器监测发现（潜在）滑坡或填筑体变形加剧时，应立即报警，并采取应急措施。

9 设计成果

9.1 设计成果内容

9.1.1 设计说明应包括下列内容：

a) 工程概况、工程地质及水文地质条件简述,稳定性计算结论,设计原则和依据,设计方案和措施,稳定性分析和设计计算结论,施工条件,材料要求,施工技术要求,监测工程;
b) 工程量汇总表。

9.1.2 设计成果应附下列图件:

a) 治理工程平面布置图;
b) 治理工程剖面图;
c) 治理工程立面图;
d) 结构大样图;
e) 监测工程平面布置图。

9.1.3 设计计算书应包括下列内容:

a) 工程概况、设计依据、场地条件、参数选择、设计荷载工况、设计计算、计算结果;
b) 相关计算附图、计算分析资料。

9.1.4 概算书(预算书)。

9.2 设计成果书写格式、图件比例尺

9.2.1 书写格式

a) 设计成果应按照内容分节撰写绘制,层次清楚;
b) 文字及图件的术语、符号、单位应前后一致,符合国家现行标准。

9.2.2 图件比例尺

a) 治理工程平面布置图(1:200~1:1 000);
b) 治理工程剖面图(1:100~1:500);
c) 治理工程立面图(1:100~1:500);
d) 结构详图(1:50~1:200);
e) 监测工程平面图(1:200~1:1 000)。

9.2.3 本规范对设计成果的要求具有通用性。对于具体的工程项目设计,执行时可根据项目的内容和设计范围对本规范的内容进行合理调整。

附 录 A
（资料性附录）
滑坡防治工程等级

滑坡防治工程等级根据滑坡灾害造成的潜在经济损失和威胁对象等因素，按表 A.1 进行划分，其中工矿交通设施重要性分类根据表 A.2 确定。

表 A.1 滑坡防治工程分类

滑坡防治工程等级		Ⅰ	Ⅱ	Ⅲ
潜在经济损失/万元		≥5 000	5 000＞且≥500	＜500
威胁对象	威胁人数/人	≥500	500＞且≥100	＜100
	工矿交通设施等	重要	较重要	一般
注：满足潜在经济损失或威胁对象中的其中之一条，即划定为相对应的防治工程等级。				

表 A.2 工矿交通设施重要性分类表

重要性	项目类别
重要	城市和村镇规划区、发射性设施、军事设施、核电、二级（含）以上公路、铁路、机场、大型水利工程、电力工程、港口码头、矿山、集中供水系统、工业建筑、民用建筑、垃圾处理场、水处理厂、油（气）管道和储油（气）库等
较重要	新建村镇、三级（含）以下公路、中型水利工程、电力工程、港口码头、矿山、集中供水水源地、工业建筑、民用建筑、垃圾处理场、水处理厂等
一般	小型水利工程、电力工程、港口码头、矿山、集中供水水源地、工业建筑、民用建筑、垃圾处理场、水处理厂等

附 录 B
（资料性附录）
稳定性计算方法

B.1 传递系数法

滑动面为折线，如图 B.1 所示。

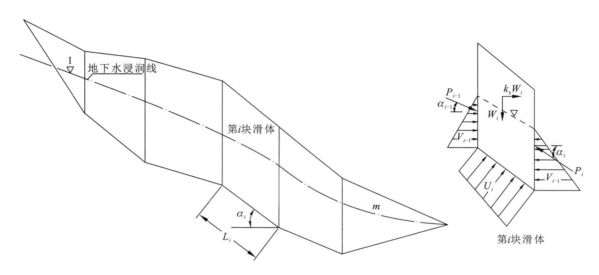

图 B.1 传递系数法示意图

a) 设计剩余下滑力 P

$$P_1 = F_{s0} T_1 - R_1 \quad \cdots\cdots\cdots\cdots\cdots\cdots\cdots\cdots\cdots\cdots (B.1)$$

$$P_i = P_{i-1}\psi_{i-1} + F_{s0} T_i - R_i \quad (i=2,3,4,\cdots,m) \quad \cdots\cdots\cdots\cdots (B.2)$$

$$T_i = W_i(\sin\alpha_i + k_s \cos\alpha_i) + (V_{i-1} - V_i)\cos\alpha_i \quad \cdots\cdots\cdots\cdots (B.3)$$

$$R_i = [W_i(\cos\alpha_i - k_s \sin\alpha_i) - (V_{i-1} - V_i)\sin\alpha_i - U_i]\tan\varphi_i + c_i L_i \quad \cdots\cdots (B.4)$$

式中：

F_{s0}——抗滑移稳定安全系数；

k_s——综合水平地震系数；

P_i——第 i 条块剩余下滑力（kN/m）；

R_i——第 i 条块重力及其他外力引起的抗滑力（kN/m）；

T_i——第 i 条块重力及其他外力引起的下滑力（kN/m），出现与滑动方向相反的下滑力时，T_i 应为负值；

U_i——第 i 条块主滑面上的总水压力（kN/m）；

V_i——第 i 条块面上的静水压力合力（kN/m）；

W_i——第 i 条块的重量（kN/m）；

ψ_{i-1}——第 $i-1$ 条块对第 i 条块的传递系数，$\psi_{i-1} = \cos(\alpha_{i-1} - \alpha_i) - \sin(\alpha_{i-1} - \alpha_i)\tan\varphi_i$；

α_i——第 i 条块主滑面倾角($°$);

L_i——第 i 条块主滑面长度(m);

c_i——第 i 条块主滑面的黏聚力(kPa);

φ_i——第 i 条块主滑面的内摩擦角($°$)。

b) 抗滑移稳定系数

$$F_s = \frac{\sum_{i=1}^{m-1}\left(R_i \prod_{j=i}^{m-1}\psi_j\right) + R_m}{\sum_{i=1}^{m-1}\left(T_i \prod_{j=i}^{m-1}\psi_j\right) + T_m} \quad \cdots\cdots(B.5)$$

$$\prod_{j=i}^{m-1}\psi_j = \psi_i\psi_{i+1}\psi_{i+2}\cdots\psi_{m-1} \quad \cdots\cdots(B.6)$$

式中:

ψ_j——第 i 条块的剩余下滑力传递至第 $i+1$ 条块时的传递系数($j=i$),即

$$\psi_i = \cos(\alpha_i - \alpha_{i+1}) - \sin(\alpha_i - \alpha_{i+1})\tan\varphi_{i+1}$$

式中其他符号同上。

B.2 瑞典条分法

滑动面为圆弧,其抗滑移稳定系数为:

$$F_s = \frac{\sum_{i=1}^{m}\{[W_i(\cos\alpha_i - k_s\sin\alpha_i) - U_i]\tan\varphi_i + c_iL_i\}}{\sum_{i=1}^{m}[W_i(\sin\alpha_i + k_s\cos\alpha_i)]} \quad \cdots\cdots(B.7)$$

B.3 简化毕肖普法

滑动面为圆弧,其抗滑移稳定系数为:

$$F_s = \frac{\sum_{i=1}^{m}\left\{\frac{1}{m_i}[c_iL_i\cos\alpha_i + (W_i - U_i\cos\alpha_i)\tan\varphi_i]\right\}}{\sum_{i=1}^{m}[W_i(\sin\alpha_i + k_s\cos\alpha_i)]} \quad \cdots\cdots(B.8)$$

式中:

$$m_i = \cos\alpha_i + \frac{\tan\varphi_i\sin\alpha_i}{F_s} \quad \cdots\cdots(B.9)$$

附 录 C
（规范性附录）
回填体抗滑移稳定系数计算公式

回填体抗滑移示意图及稳定系数计算公式

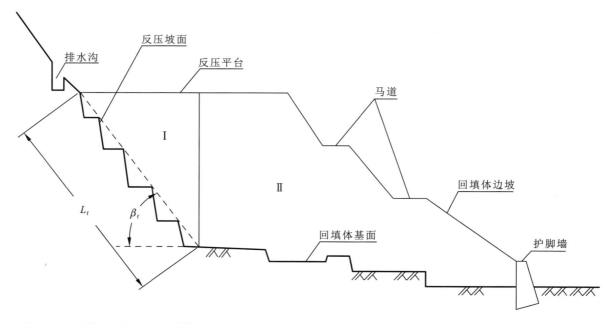

注：Ⅰ．回填体主动块；Ⅱ．回填体被动块。

图 C.1 回填体抗滑移示意图

$$F_s = \frac{(W_{tⅡ} + P\sin\alpha + P_Ⅰ\sin\beta_f)\mu}{P\cos\alpha + P_Ⅰ\cos\beta_f} \quad \cdots\cdots\cdots\cdots\cdots\cdots\cdots (C.1)$$

$$P_Ⅰ = W_{tⅠ}\sin\beta_f - (W_{tⅠ}\cos\beta_f \cdot \tan\varphi_t + c_t L_f) \quad \cdots\cdots\cdots\cdots (C.2)$$

式中：

F_s——回填体的抗滑移稳定系数；

P——设计剩余下滑力（kN/m）；

$P_Ⅰ$——回填体主动块的剩余下滑力（kN/m）；

$W_{tⅠ}$、$W_{tⅡ}$——回填体主动块、被动块的自重（kN/m）；

α——剪出口处主滑面与水平面的夹角（°）；

β_f——反压坡面倾角（°）；

L_f——反压坡面长度（m）；

μ——回填体与地基岩土体的摩擦系数，可按表 C.1 选用；

c_t——回填土的黏聚力（kPa）；

φ_t——回填土的内摩擦角（°）。

表 C.1 回填体与地基岩土体的摩擦系数

岩土类别		摩擦系数/μ
黏性土	可塑	0.20～0.25
	硬塑	0.25～0.30
	坚硬	0.30～0.40
粉土		0.25～0.35
中砂、粗砂、砾砂		0.35～0.40
碎石土		0.40～0.45
注:回填土与地基土的摩擦系数取两者中较低者。		

附 录 D
（资料性附录）
常用回填材料密度参考值和重度折减系数

D.1 常用回填材料密度值

常用回填材料密度应通过现场压实试验取得，当无试验资料和缺少当地经验时，其密度参考值可参照表 D.1 选用。

表 D.1 常用回填材料密度参考值

回填材料种类	密度取值范围/g·cm^{-3}	最优含水量/%
黏土	1.27～1.67	15～25
粉质黏土	1.48～1.92	12～15
粉土	1.30～1.77	16～22
砂土	1.44～1.83	8～12
砂砾土	1.48～2.14	6～11
碎石（卵石）	1.60～2.40	—
宾格石笼	2.00～2.50	—
注1：黏土、粉质黏土、粉土回填压实度大于 0.9 时，密度参考值取高值，反之取低值；		
注2：砂土、砂砾土相对密度大于 0.75 时，密度参考值取高值，反之取低值；		
注3：碎石（卵石）、宾格石笼孔隙率小于 24% 时，密度参考值取较高值，反之取较低值。		

D.2 稳定性计算采用的重度折减系数经验值

回填体在进行稳定性计算时，应当考虑现场回填材料重度值与设计回填体重度值的差异变化，当无试验资料和缺少当地经验时，稳定性计算采用的重度值可由设计回填体重度值乘以 0.85～0.95 的折减系数确定。

附 录 E
（资料性附录）
反滤层设计

E.1 反滤层设计应绘制被保护土、回填料和料场砂砾料的颗粒级配曲线，并求出各自的范围线（上、下包线）。

E.2 根据工程实际情况，反滤层的类型可按下列规定确定：
  a) 水平排水体和斜墙后的反滤层等，反滤层位于被保护土下部，渗流方向由上向下［图 E.1(a)、图 E.1(c)］，属Ⅰ型反滤；
  b) 位于地基渗流出逸处和排水沟下边的反滤层等，反滤层位于被保护土上部，渗流方向由下向上［图 E.1(b)、图 E.1(d)］，属Ⅱ型反滤。

竖式排水体等的反滤层呈垂直的形式，渗流方向水平，属过渡型，可归为Ⅰ型。

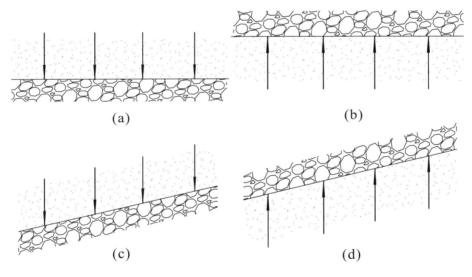

图 E.1 反滤图

E.3 被保护土为无黏性土，且不均匀系数 $C_u \leqslant 5 \sim 8$ 时，其第一层反滤层的级配宜按式（E.1）、式（E.2）确定：

$$D_{15}/d_{85} \leqslant 4 \sim 5 \quad\quad\quad\quad (E.1)$$
$$D_{15}/d_{15} \leqslant 5 \quad\quad\quad\quad (E.2)$$

式中：
D_{15}——反滤料的粒径小于该粒径的土重占总土重的 15%；
d_{85}——被保护土的粒径小于该粒径的土重占总土重的 85%；
d_{15}——被保护土的粒径小于该粒径的土重占总土重的 15%。

对于以下情况，按下述方法处理后，仍可按式（E.1）和式（E.2）初步确定反滤层，然后通过试验确定级配。

a) 对于不均匀系数 $C_u>8$ 的被保护土,宜取 $C_u\leqslant5\sim8$ 的细粒部分的 d_{85}、d_{15} 作为计算粒径;对于级配不连续的被保护土,应取级配曲线平段以下(一般是 1 mm～5 mm 粒径)细粒部分的 d_{85}、d_{15} 作为计算粒径。

b) 当第一反滤层的不均匀系数 $C_u>5\sim8$ 时,应控制大于 5 mm 颗粒的含量小于 60%,选用 5 mm 以下的细粒部分的 d_{15} 作为计算粒径。

E.4 当被保护土为黏性土时,其第一反滤层的级配应按下列方法确定。

a) 滤土要求

根据被保护土的颗粒小于 0.075 mm 含量的百分数不同,而采用不同的方法。

当被保护土含有颗粒大于 5 mm 时,应按颗粒小于 5 mm 级配确定颗粒小于 0.075 mm 含量百分数及按颗粒小于 5 mm 级配的 d_{85} 作为计算粒径。当被保护土不含颗粒大于 5 mm 时,应按全料确定颗粒小于 0.075 mm 含量的百分数及按全料的 d_{85} 作为计算粒径。

1) 对于颗粒小于 0.075 mm 含量大于 85% 的土,其反滤层可按式(E.3)确定:
$$D_{15} \leqslant 9d_{85} \quad\quad\quad\quad (E.3)$$
当 $9d_{85}<0.2$ mm 时,取 d_{85} 等于 0.2 mm;

2) 对于颗粒小于 0.075 mm 含量为 40%～85% 的土,其反滤层可按式(E.4)确定:
$$D_{15} \leqslant 0.7 \text{ mm} \quad\quad\quad\quad (E.4)$$

3) 对于颗粒小于 0.075 mm 含量为 15%～39% 的土,其反滤层可按式(E.5)确定:
$$D_{15} \leqslant 0.7\text{mm} + 1/25(40-A)(4d_{85}-0.7\text{mm}) \quad\quad\quad\quad (E.5)$$

若式(E.5)中 $4d_{85}<0.7$ mm,应取 0.7 mm。

式中:

A——颗粒小于 0.075 mm 含量(%)。

b) 排水要求

以上三类土还应同时符合式(E.6)要求:
$$D_{15} \geqslant 4d_{15} \quad\quad\quad\quad (E.6)$$

式中:d_{15} 应为全料的 d_{15},当 $4d_{15}<0.1$ mm 时,应取 D_{15} 不小于 0.1 mm。

E.5 反滤料 D_{90}(下包线)和 D_{10}(上包线)的粒径关系宜符合表 E.1 的规定。

表 E.1 防止分离的 D_{90}(下包线)和 D_{10}(上包线)粒径关系

被保护土类别	D_{10}/mm	D_{90}/mm
所有类别	<0.5	20
	0.5～1.0	25
	1.0～2.0	30
	2.0～5.0	40
	5.0～10.0	50
	>10.0	60

E.6 根据求出的第一层反滤层,用式(E.1)、式(E.2)验算与回填料的关系,如满足上述两式要求,可不设第二层反滤层,如不满足可设第二层反滤层。同理,可计算是否需要设第三层反滤层。

E.7 选择第二层、第三层反滤层时,可分别以第一、二层反滤层为被保护土,按式(E.1)、式(E.2)确定。

E.8 不能用上述方法确定反滤层时,应由试验确定。试验的渗流方向应根据 E.3 条确定的反滤层的类型结合实际构造情况确定。

附 录 F
（资料性附录）
抛石边坡参考值表

抛石边坡坡比参考值见表 F.1，抛石粒径与水深、流速关系见表 F.2。

表 F.1 抛石边坡坡比参考值

水文条件	边坡坡比
水浅，流速较小	1∶1.25～1∶2
水深 2 m～6 m，流速较大	1∶2～1∶3
水深大于 6 m，水流速度急	≤1∶2

表 F.2 抛石粒径与水深、流速关系

抛石块径/cm	水深/m				
	0.4	1.0	2.0	3.0	5.0
	容许流速/m·s^{-1}				
15	2.70	3.00	3.40	3.70	4.00
20	3.15	3.45	3.90	4.20	4.50
30	3.50	3.95	4.25	4.45	5.00
40	—	4.30	4.45	4.80	5.05
50	—	—	4.85	5.00	5.40